ÉTUDE CHIMIQUE

DE LA STATION

DE CAMBO

(Basses-Pyrénées)

PAR

M. le Dr F. GARRIGOU.

—▶✕◀—

BAYONNE

IMPRIMERIE LAMAIGNÈRE, RUE CHEGARAY, Nº 39.

—

1878

ÉTUDE CHIMIQUE

DE LA

Station de Cambo (Basses-Pyrénées).

ÉTUDE CHIMIQUE

DE LA STATION

DE CAMBO

(Basses-Pyrénées)

PAR

M. le Dr F. GARRIGOU.

———>✳<———

BAYONNE

IMPRIMERIE LAMAIGNÈRE, RUE CHEGARAY, Nº 39.

——

1878

ÉTUDE CHIMIQUE

DE LA

Station de Cambo (Basses-Pyrénées).

A côté de ces deux grands centres de villégiature qu'on appelle Eaux-Bonnes et Biarritz, le département des Basses-Pyrénées, si riche d'ailleurs en stations minérales d'ordre secondaire, possède une délicieuse petite ville, Cambo, offrant aux malades qui recherchent la tranquillité en même temps que la santé, deux sources exploitées dans un établissement thermal nouvellement construit, au milieu des bosquets ombreux qui bordent la Nive.

Ces sources sont l'une sulfurée et l'autre ferrugineuse. Mal captées autrefois, elles ont été, surtout la première, l'objet d'un travail d'aménagement sérieux, quoique incomplet, de la part de M. l'ingénieur Genreau. M. Boutan, également ingénieur des mines, a fait faire d'heureux travaux de captage à la source ferrugineuse. Ce n'est pas ici le lieu d'apprécier et de faire l'éloge des recherches dues à ces ingénieurs sur la station de Cambo ; je réserve un chapitre complet sur ce sujet dans ma monographie générale des Pyrénées. Je ne m'occuperai dans ce court opuscule que de l'étude chimique des deux sources, pour répondre à la mission dont a bien voulu me charger le Conseil municipal de Cambo.

EAU SULFURÉE.

J'ai fait à la source une série d'essais dont voici le résumé :

Température de la source prise au griffon 21°,0 à mon maxima Walferdin de Baudin n° 4030.

L'eau a l'odeur d'acide sulfhydrique et elle a légèrement le goût d'œufs couvis.

Elle est alcaline au papier de tournesol et à la teinture de tournesol sensibilisée.

Par l'ébullition dans un ballon, elle dégage de nombreuses bulles qu'il est facile de recueillir et de fixer dans des flacons laveurs contenant du nitrate de cadmium et du chlorure de baryum ammoniacal. Il se forme ainsi un précipité de sulfure de cadmium très-léger, et en même temps, dans le chlorure de baryum ammoniacal chauffé à 70°, il se produit un abondant précipité blanc. Celui-ci, recueilli sur un filtre et traité ensuite par de l'acide chlorhydrique dans un flacon bouché, mais muni d'un tube abducteur, fournissait un gaz qui troublait l'eau de chaux : c'était donc de l'acide carbonique. Le ballon contenait après l'ébullition une eau qui n'était plus limpide, mais troublée en blanc. Le produit qui s'était ainsi formé ayant été retenu sur un filtre et mis dans les mêmes conditions que le précédent, fournissait de l'acide carbonique. La dissolution chlorhydrique de ce produit, examinée au spectroscope, permettait de voir nettement les raies principales du spectre de la chaux. Il était donc formé en partie par du carbonate de chaux.

Un quart de litre d'eau de la source ayant été examiné au sulfhydromètre, avec une solution d'iode dans l'iodure de potassium (10 g. iode, 1000 g. solution de iodure de potassium), il y a eu 3 divisions 5 du sulfhydromètre absorbées.

En traitant l'eau par le sulfate de manganèse et faisant un nouvel essai sulfhydrométrique, on trouve encore que cette eau absorbe 3 divisions 5 par 1/4 de litre. Après l'ébullition de l'eau pendant dix minutes à l'abri du contact de l'air, celle-ci n'absorbe plus que 1 division 5 du sulfhydromètre par litre, avant comme après l'addition du chlorure de baryum.

Je conclus des résultats précédents que l'eau renferme par litre $0^g,0017$ de soufre, dont $0^g,0010$ représentent l'acide sulfhydrique et $0^g,0007$ l'hyposulfite alcalin.

Le degré alcalimétrique de l'eau, pris avec une liqueur titrée d'acide sulfurique et le tournesol, était de 110 divisions par 1/4 de litre. Cette alcalimité correspondait à $0^g,2506$ de carbonate de soude.

L'acide carbonique total de l'eau a été obtenu en fixant tout l'acide libre au moyen de la potasse caustique en solution titrée. Cette opération a été faite à la source même. L'eau ainsi préparée et transportée au laboratoire, a été traitée par le chlorure de baryum ; le précipité une fois décanté sur un filtre, après qu'on a eu séparé le liquide limpide surnageant et promptement lavé à l'eau bouillante, a été introduit dans un flacon avec le filtre. On a ensuite ajouté de la teinture de tournesol sensibilisée, puis l'on a dosé l'acide carbonique au moyen des liqueurs titrées (acide chlorhydrique et potasse), d'après le procédé de Mohr. On a obtenu ainsi sur 1000 c. c. d'eau, $0^g,3906$ d'acide carbonique.

L'acide carbonique fixe a été dosé directement sur l'eau par le même procédé, c'est-à-dire en la traitant par le chlorure de baryum ammoniacal. Nous avons ainsi obtenu par litre $0^g,0150$ d'acide carbonique.

Nous avons alors calculé qu'il y avait dans l'eau $0^g,0150$ d'acide carbonique fixe et $0^g,3756$ d'acide carbonique libre.

L'acide sulfurique a été dosé sur 1 litre directement, au moyen du chlorure de baryum acide. Il y en avait $1^g,3010$.

Pour obtenir la silice, la présence d'une forte
proportion de sulfate de chaux étant très-gênante,
j'ai fait bouillir le résidu de 4 litres d'eau avec du
bicarbonate d'ammoniaque. Celui-ci a transformé
le sulfate insoluble en sulfate d'ammoniaque, et il
s'est produit du carbonate de chaux. Après filtration du liquide pour séparer le carbonate de chaux
et la silice, ce liquide chlorhydrique a été évaporé
à sec chauffé assez fort (120° environ) et repris par
l'acide chlorhydrique, la silice restée insoluble a
été recueillie sur un filtre et pesée. Il y en avait
0^g0064, d'où sur 1 litre $0^g,0016$.

Le chlore a été dosé à l'état de chlorure d'argent
sur 1 litre d'eau. Il y avait par litre $0^g,0461$ de
chlore.

Les alcalis dosés sur 5 litres par le procédé clas-
sique (traitement par la baryte, d'abord, puis par
le carbonate d'ammoniaque, enfin par l'acide chlorhydrique, pour la transformation de ces alcalis
en chlorures, enfin séparation par le chlorure de
platine) ont fourni les nombres suivants : soude
par litre $0^g,1510$ et potasse par litre $0^g,0172$.

L'examen au spectroscope, fait suivant les règles
voulues, n'a fourni ni lithine, ni cæsium, ni rubi-
dium.

La chaux et la magnésie ont été obtenues sur un
litre. On a évaporé un litre jusqu'à concentration
suffisante et on a repris le résidu par l'acide chlorhydrique. Le liquide a été rendu alcalin, puis traité

par le sulfhydrate d'ammoniaque qui n'a fourni qu'un précipité à peine sensible. On l'a cependant séparé par filtration. Le liquide, traité d'abord par le chlorhydrate d'ammoniaque, puis par l'oxalate de la même base, a fourni à chaud un précipité d'oxalate de chaux, qui, retenu sur un filtre, bien lavé, desséché et calciné au rouge blanc pendant 20 minutes, a fourni 0^g,7339 de chaux.

Dans le liquide séparé par filtration de l'oxalate de chaux, l'on a ajouté du phosphate d'ammoniaque et, après douze heures d'attente environ, l'on a recueilli sur un filtre le précipité cristallin qui s'était formé. On l'a lavé avec de l'eau chaude ammoniacale, puis on l'a desséché et calciné. Il était parfaitement blanc et renfermait 0^g,1739 de magnésie.

Toutes ces opérations ont été répétées deux ou trois fois pour chaque substance, afin d'avoir des résultats quantitatifs aussi sûrs que possible.

Les métaux ont été recherchés sur la grande masse d'eau que nous avions de reste à notre disposition, c'est-à-dire sur 200 litres.

On a évaporé cette eau à sec dans une grande capsule en platine. Le résidu rassemblé avec soin a été parfaitement desséché, puis introduit dans une cornue et fortement calciné. Les produits de la calcination aboutissaient au moyen d'un long tube de verre dans un vase rempli d'une solution de potasse. A la fin de la calcination, le liquide examiné a été divisé pour la recherche des substances qui s'étaient dégagées.

Nous y avons constaté la présence des acides chlorhydrique et sulfurique. Une portion de cette solution ayant été évaporée à sec et ayant fourni un résidu assez abondant, nous avons légèrement calciné ce résidu pour y faire la recherche du brôme et de l'iode qui auraient dû se dégager pendant la calcination du résidu total au rouge blanc. Il s'est formé pendant cette légère calcination un résidu charbonneux indiquant nettement qu'il s'était volatilisé des produits organiques pendant la forte calcination, produits qui s'étaient fixés sur la potasse, car le liquide s'était à peine troublé.

Quand nous avons eu fait subir au résidu charbonneux le traitement par l'alcool bouillant pour dissoudre les iodure et bromure formé, cet alcool évaporé à sec nous a fourni un résidu dans lequel nous n'avons pu constater que la présence du chlore ; il n'y avait ni brome ni iode.

Le résidu de la grande calcination dans la cornue était constitué par une masse fondue qu'on a recueillie avec soin et qu'on a immédiatement traitée par l'eau bouillante. Les substances dissoutes dans l'eau A ont été séparées par filtration des substances insolubles B. Ces dernières, bien lavées, ont été desséchées, puis traitées par l'acide chlorhydrique qui a laissé encore une masse insoluble

B'. Cette partie insoluble, désagrégée avec le carbonate de soude par la fusion au chalumeau de Schlœsing, a été enfin traitée par l'eau pour séparer la partie soluble A'; la portion insoluble dissoute dans l'acide chlorhydrique a été jointe à la solution chlorhydrique B obtenue précédemment, et la portion A' soluble dans l'eau, n'a pas été jointe au liquide de même genre obtenu dans les opérations précédentes A. Ces deux liquides ont été examinés séparément.

Le liquide chlorhydrique et les solutions aqueuses, celles-ci préalablement traitées par l'acide chlorhydrique, ont été évaporées à sec, chacune séparément, et chauffées à 120º; les résidus ont été repris par l'acide chlorhydrique étendu; la silice ayant été séparée par filtration, on a successivement traité les liquides par l'acide sulfhydrique qui a fourni des précipités conservés à part sur des filtres, puis par le sulfhydrate d'ammoniaque qui a également fourni des sulfures.

Ces deux catégories de sulfures, examinées avec le plus grand soin au moyen des procédés classiques, et de plus, avec l'aide du spectroscope et par le procédé des flammes de Bunsen, nous ont paru constituées par les métaux suivants :

Alumine, fer, manganèse, zinc, nickel, cobalt, cuivre, plomb, arsenic.

Je n'hésite pas à dire qu'il y a, en outre de ces métaux, d'autres substances en quantité notable

dont la présence n'était nullement prévue et que je
ne pourrai indiquer qu'après en avoir fait la cons-
tatation nouvelle sur un nouveau résidu d'évapora-
tion.

Cette source de Cambo naît dans une faille qui a
mis en contact, en formant le creux de la vallée,
le terrain jurassique avec le granit et avec les schistes cambriens. Ces schistes reposent sur le terrain
Laurentien du Pas-de-Roland, que j'avais pu déter-
miner, comme Laurentien, d'après les simples données fournies par la stratigraphie, et dans lesquels
MM. Genreau et Thore ont découvert, d'après mes
indications antérieures, ainsi qu'ils l'ont dit eux-
mêmes, des roches renfermant des débris qui sem-
blent appartenir au fossile appelé l'*Ezoon cana-
dense*, mais qu'avec la plupart des géologues je ne
considère pas comme caractéristique du terrain
Laurentien.

SOURCE FERRUGINEUSE.

La source ferrugineuse a été traitée comme la
source sulfurée, pour ce qui est de la recherche en
grand des métaux. De même les dosages ont été
faits en suivant les procédés indiqués dans l'analyse
de la source sulfurée. Certains dosages ont été faits
sur 109 litres, car il y avait trop peu de substance
pour opérer ces dosages autrement.

La température de cette eau, prise au point même où naît la source, est de 13º.

L'eau est très-nettement acide quand on l'examine à son griffon. Pour arriver à avoir, dans l'opération que je faisais pour l'alcalinité de la source ferrugineuse, la coloration pelure d'oignon qui annonçait la fin de l'expérience, avec la source sulfurée, il a fallu employer, par litre d'eau ferrugineuse, sept divisions de mon acide titré. Quand on traite l'eau par la teinture de tournesol comparativement à de l'eau distillée bouillie, et comparativement aussi à l'eau sulfurée, on voit que l'eau ferrugineuse fait sensiblement virer le tournesol au rouge, qui s'accentue de plus en plus à mesure que l'on ajoute les sept gouttes d'acide titré qui conduisent au rouge pelure d'oignon.

Je ne donnerai pas la discussion de laquelle devrait ressortir la composition des produits salins de ces sources. Nous ne pouvons faire à ce sujet que des conjectures, car les analystes les plus compétents n'ont jamais pu encore donner la preuve de l'existence de tel ou tel composé salin en quantité déterminée dans telle ou telle source. Nous pouvons soupçonner dans une source, avec certaines chances de raison, quelques composés définis, mais de là à donner la quantité de tel composé ou de tel autre, il y a une grande distance que les données actuelles de la science ne permettent pas encore de franchir.

	COMPOSITION de la Source Sulfurée	COMPOSITION de la Source Ferrugineuse
	Rapportée à un litre.	
Soufre de l'acide sulfhydrique..	0ᵍ0010	
Soufre des hyposulfites........	0,0007	
Acide carbonique libre........	0,3756	0,1254
Acide carbonique combiné.....	0,0150	traces.
Acide sulfurique.............	1,3010 .	id.
Acide silicique..............	0,0016	
Acide phosphorique..........	traces. Acide borique..	très-net
Chlore....................	0,0461	0,0094
Soude....................	0,1511	0,0206
Potasse..................	0,0172	0,0017
Chaux....................	0,7339	0,0157
Magnésie.................	0,1739	0,0013
Alumine..................	0,0010	0,0017
Fer......................	0,0060	0,0827
Manganèse................	0,0024	traces.
Cobalt, nickel et zinc........	traces.	id.
Cuivre et plomb...........	id.	id.
Arsenic..................	id.	id.
Matière organique.........	très-sensible.	id.
TOTAL............	2,8265	0,2585

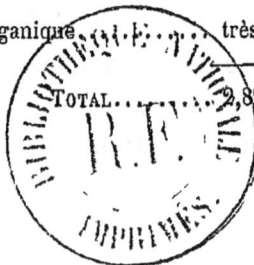

Dr F. GARRIGOU.